就是要
不受无束
JIUSHI YAO
BUSHOUWUSHU

彩图版

关键时刻靠自己

主编 曹外香

U0783153

天津出版传媒集团

天津科学技术出版社

人的一生很漫长，但最关键的只有那么几步，中学阶段正是你成长的重要时期。作为一个中学生的你是什么样子的？你是不是喜欢嬉戏玩耍而害怕受拘束和禁锢？你是不是喜欢自己动手实验，而不喜欢埋首于枯燥的课本当中？你是不是喜欢天马行空的想象，而不喜欢大人给的条条框框？

是的，你一定是这样的学生。你一定像爱迪生一样爱思考；你一定像达尔文那样充满想象力；像司马光那样聪明机智；拥有毕加索那样的艺术天赋……其实，每一个学生都是天才，只是，在成长的过程中，这些才能没有被激发出来而已。

《关键时刻靠自己》是一本简单、实用、全面的安全健康指南。本书以故事的形式讲述了与学生有关的各种安全健康问题，让学生在轻松快乐的阅读中，了解生活中的各种危机，掌握有效的自救措施，走在充满阳光的成长道路上。

目录

中暑后怎么办 ... 039

❓ 被困电梯怎么办

同学们，如果你突然被困在电梯里，该怎么办？不要慌，看看下面的招数。

如果电梯不动，一定要马上按下红色的紧急键求救。

如果电梯里没有设置警铃或紧急键，必须用力拍门、捶墙壁、踏地板，同时要大声呼喊。若实在没有人回应，最安全的做法是保持镇定，保存体力，等待救援。

煤气泄漏应如何处置

今天，妈妈特意带晶晶去科技馆看展览。在回来的路上，晶晶嘴里还一刻不停地说着刚刚见到的有意思的事情。

转眼就到家了，在进门的一刹那，晶晶和妈妈同时闻到了一股刺鼻的味道。妈妈赶紧叫晶晶别动，也不要开灯。然后自己捂着鼻子走进厨房，紧了紧煤

气管的阀门，打开了厨房和客厅的窗户。

晶晶看着妈妈的举动很诧异，这时妈妈告诉晶晶："刚才的味道是煤气的味道，肯定是咱家煤气没关好，煤气泄漏了。当煤气达到一定浓度的时候，遇到空气中的明火，很容易发生爆炸。所以这时候千万不能开灯。在关紧煤气阀门后，一定要开窗通风，否则人也很容易晕倒。"晶晶听了妈妈的话恍然大悟。

★ 发现煤气外泄，首先要关闭煤气的总阀门，同时要

禁止一切可能引起火花的行为，包括开灯，开排风扇以及在室内拨打电话，以免发生爆炸。

★ 同时要及时开窗通风，待煤气驱散后，再回到室内。

★ 如果大人不在现场，发现煤气外泄后，应及时撤离房间，然后拨打紧急呼救电话"119"。

水管漏水应急措施

　　"晶晶，妈妈回来了。"晶晶妈妈一边开门一边朝屋里喊着。"噢，我在厨房呢！"晶晶气喘吁吁地说。妈妈很好奇晶晶在厨房鼓捣啥呢，就走了过去。只见厨房地上摆满了盛满水的大盆、小盆，晶晶满头大汗，正在猫着腰往一个空桶里倒水。"晶晶，这是怎么了？"妈妈着急地问。"我放学回家发现厨

房的水管漏水了，就把漏水的地方用抹布裹了起来，可它还滴滴答答地流，我就把桶放在了漏水管的下面，我想这些水咱们可以留着冲马桶，要不然浪费了多可惜啊！而且我按照您原来教我的，把电源关了。妈妈，是不是该表扬我了！"晶晶撒娇地对妈妈说。

妈妈听了一个劲地称赞晶晶："我们晶晶真是越来越棒了，真是个聪明又会动脑筋的好孩子。"

晶晶听了妈妈的话干得更卖力了，看来这些话对晶晶很受用哟。

★ 如果发现水管漏水，应及时关闭电源，以防触电。

★ 用塑料或抹布将漏水的地方系上，为避免漏出的水将地毯或地板浸湿，可以将水收集起来，然后打电话通知爸爸妈妈回来处理。

和宠物玩耍要注意卫生

豆豆从小就喜欢小动物，每次去有宠物的人家串门，豆豆都要和小动物亲昵好一阵。

听说外婆家刚刚收养了一只沙皮狗，豆豆就迫不及待地吵着要去外婆家玩。妈妈拗不过豆豆，只好带他去。见到可爱的小沙皮狗，豆豆兴奋极了，一会儿亲亲一会儿抱抱，和小狗玩得不亦乐乎……

　　第二天一大早妈妈叫豆豆起床，发现豆豆发起了高烧，还一直咳嗽，而且双手、脸和嘴唇都红肿得很厉害。妈妈赶紧带豆豆去了医院。

　　大夫仔细地检查后，问家里有没有宠物，妈妈如实说了前一天的情况。医生最后确诊豆豆得的是皮肤病，是被狗身上的真菌传染引起的。"小朋友的身

体免疫能力比较弱，和小动物亲密接触后，很容易感染这种病。"医生嘱咐豆豆一定要和小动物保持一定的距离，不能过分亲热。

★ 不要和陌生的动物玩耍，不明身份的动物可能没有按时注射疫苗而带有病菌。

★ 不要和小动物有过于亲昵的动作，抱过宠物后一定要洗手，避免手上的病菌进入眼睛，导致眼部疾病。

★ 不要和宠物一起睡觉，一起洗澡哟！

⚠ 注意防止病从口入

　　晶晶爸爸从国外出差回来，给晶晶带回来好多好吃的，晶晶一边琢磨着食品包装上的英文单词，一边往嘴里塞着东西。过了一会儿，晶晶好像想起了什么，对妈妈说："妈妈，这么多好吃的，咱们把豆豆叫来一起吃吧。"妈妈听了爽快地答应了。晶晶飞快地跑去豆豆家，把豆豆喊了过来。

　　豆豆平时就很贪吃，见到有这么多好吃的，口水早就流出来了，迫不及待地拿起东西就往嘴里塞。晶晶见了很生气地说："你洗手了吗？""在家洗过了。"豆豆辩解道。"在家洗过了不代表你现在就不用洗了，吃东西前必须洗手，不然会把病菌吃进肚子里的。"听了晶晶的话，豆豆赶紧跑去洗手间匆忙地冲了冲手。晶晶在一边见到了，接着说："洗手也不

能马虎，要用洗手液或是香皂，不然手上的病菌和寄生虫卵就不会被杀死！"豆豆只好认真地洗起手来。

★ 我们的手每天接触各种各样的东西，会沾染病菌、病毒和寄生虫卵，稍有不慎，就会带入口中。所以我们在吃东西前一定要认真地洗手。

★ 变质的瓜果蔬菜不能吃，也不能喝生水。

点蚊香要放置得当

"爸爸，醒一醒，着火了！"豆豆大声地叫道。"什么？"话未说完，豆豆爸爸"嚯"的一下子从床上坐了起来。"我屋里，不过我刚才已经拿水把火浇灭了。"豆豆爸爸听了长长地舒了口气，然后走到豆豆屋里察看着火的情况。只见豆豆床上一片狼藉，火把床单烧了一大片。爸爸一低头，看到了躺在床旁边的一小截蚊香。"豆豆，你昨天晚上睡觉的时候是不是自己点蚊香了？"

"是啊，我昨晚被蚊子咬得睡不着觉。"

"一定是蚊香把床单引着了。这次记住教训吧，下次点蚊香一定要小心，不然会引起火灾。知道吗？蚊香具有很强的引燃能力。点燃的蚊香，香头温度很高，超过一般可燃物的燃点，所以，极易引燃其他物品。"

"爸爸，对不起，我惹祸了。"

"没关系，幸亏你机灵，不然我们的房子都没了。下次注意，知道吗？"

"我保证下次绝对不会了！"

★ 蚊香放置要得当，要放在特制的金属支架或金属盘内，要和桌、椅、床、蚊帐等可燃物保持适当的距离。

★ 室内有易燃物体时，例如汽油、酒精等，不要在室内点蚊香。

⚠ 空腹饮食须讲究

　　周末一大早，爸爸妈妈带着晶晶去公园里玩。难得爸爸和妈妈有空陪晶晶，晶晶非常开心。他们划船、坐过山车，然后爬山，到山顶已经是中午了。

　　爸爸和妈妈在旁边的一个小亭子里拍照，晶晶觉得又饿又渴，就从妈妈的背包里拿出一袋牛奶喝了起来。

　　这时妈妈朝这边看过来，然后大声地提醒晶晶："先吃点面包或点心，再喝牛奶！"晶晶不明白这话的意思，愣在了那里。一会儿，妈妈走了过来，望着晶晶疑惑的眼神，说道："空腹喝牛奶，不仅不利于营养吸收，还容易引起腹痛和胃肠损坏！所以在喝牛奶前，一定要吃点别的东西，现在你明白我为什么叫你先吃点面包了吧？"晶晶重重地点了点头，心

想：没想到喝牛奶还有这种讲究，等回到学校一定提醒其他的同学。想到这儿她就大口大口地吃起面包来。

★ 西红柿、柿子也不能空腹吃，它们会引起胃部的疼痛和不适。

★ 糖也不能空腹吃，空腹吃糖会影响人体对各种蛋白质的吸收，导致和加剧动脉硬化，甚至会影响人体血液循环和肾的正常功能。

燃放烟花爆竹要小心

　　春节就要到了，豆豆没像往年那样缠着妈妈要花炮。可别以为豆豆变乖了，是因为去年的一件事，令豆豆从此不敢碰爆竹了。

　　去年，豆豆和妈妈去小姨家走亲戚。小姨家的表弟宝宝刚刚六岁，非常喜欢看放烟花，吵着要爸爸给他放烟花看。宝宝爸爸非常疼爱儿子，这点要求怎么能不答应呢。

　　很快，宝宝爸爸买来了爆竹，叫豆豆和他们一起去空地上放，豆豆当然很乐意了。

　　空地上放烟花的人很多，五彩缤纷的烟花把天空装饰得无比耀眼、美丽。宝宝爸爸的技艺很高超，一只手拿着爆竹，另一只手点火，豆豆和宝宝都佩服得不行，在旁边一个劲地拍手叫好。这时候，不知从哪个方向飞过来一只爆竹，"砰"的一声在宝宝面前

响了，宝宝脸上顿时血肉模糊，宝宝爸爸赶紧叫救护车，最后宝宝的一只眼睛还是没能保住。

宝宝爸爸为此恐怕要懊悔终生了。

★ 不要在人多的地方燃放烟花爆竹，以免伤着周围的人。

★ 放爆竹时要远离阳台、电线、仓库、火源等。

★ 若爆竹没有炸响，在未确认不存在安全问题以前，不要急于上前查看。

小心蔬菜中毒

　　晶晶妈妈有一手好厨艺。家里来了客人，总是对妈妈的厨艺赞不绝口。晶晶每次做完家庭作业，都会去厨房给妈妈打下手。

　　今天是父亲节，晶晶和妈妈商量着要给爸爸做一桌子饭菜，慰劳慰劳这个一家之主。母女俩在厨房忙得热火朝天。晶晶择菜、洗菜，妈妈掌勺。晶晶一

边认真地听妈妈讲着做每道菜的步骤，一边卖力地洗着土豆。

土豆洗好了，妈妈让晶晶削好皮，有一个土豆长芽了，晶晶也没在意，把芽削了，放在一边等妈妈切丝。妈妈拿起那个土豆正准备切，忽然停住了，拿起那个长芽的土豆对晶晶说："长芽的土豆在幼芽及

芽眼部分含有大量有毒物质，食用后会发生中毒，危及健康。所以如果土豆长芽了就不能吃了。此外还有青西红柿、鲜黄花菜等也不能吃。"晶晶没想到做菜还真不简单，不是一朝一夕能学会的事情。

★ 如果发现土豆中毒，要立即催吐，用淡盐水洗胃。

★ 有些蔬菜做法不对也容易中毒，例如豆角，要充分炒熟和煮透，不要只是用开水一烫后就做凉拌菜，更不能直接做凉拌菜，这样也很容易中毒。

! 不可离转弯的车辆太近

　　豆豆和晶晶放学后，经常一起结伴回家。由于公交车不能直接到家，所以他们还要走上一截路。

　　这天，他们正说说笑笑地走在回家的路上。这是一条有点窄的马路，马路的十字路口处经常是车水马龙。豆豆他们要从十字路口拐过去才能到家。

　　今天豆豆格外高兴，因为爸爸答应送他一辆汽

车模型，所以豆豆恨不得赶紧飞回家，步伐不由自主地快了起来。到了十字路口处，一辆白色小汽车正在转弯，豆豆见前轮已经过去了，就打算赶紧穿过去。这时候，晶晶一把拉回了豆豆，只见白色小汽车里探出一个头来大声地说："看着点儿！"

豆豆正要发火，只见小汽车后轮经过的地方正是自己刚刚站过的地方，暂时把火气压了下去。豆豆不好意思地对晶晶说："谢谢你拉了我一把，不然车轱辘就从我脚上轧过去了！"

★ 汽车的前轮和后轮存在"内轮差"，所以不要以为前轮过去就没事了，你有可能被后轮撞到。

★ 我们在穿过马路的时候，除了注意来往的车辆外，还要注意避让转弯的车辆；汽车的方向灯一闪一闪的，说明车马上要转弯了。

给玩具消毒

妈妈打算今天大扫除，所以一大早就动员晶晶过来帮忙。晶晶响亮地答应着，出来问妈妈自己打扫哪块儿，妈妈对她说："去，把你那些经常玩的玩具拿出来，咱们给玩具消消毒！"晶晶一听给玩具消毒，觉得很有意思，愣了一下，问妈妈为什么要给玩具消毒。妈妈说："玩具被人经常玩过之后，不可避

免地会受到细菌、病毒和各种寄生虫的污染，成为传播疾病的'帮凶'，所以我们要定期给玩具清洗和消毒！"妈妈的话刚说完，晶晶就飞速地跑回自己屋收拾玩具去了。

晶晶的玩具还真不少，妈妈叫晶晶分门别类地

清洗玩具，根据玩具材料的不同，采用的消毒方法也应不同。晶晶干得热火朝天，但很开心，因为这些玩具经过她的劳动之后会变得又崭新，又干净，又卫生。

★ 不同质地的玩具，清洁的方法各不相同：皮毛和棉布制作的玩具，可放在阳台上暴晒；木制玩具可用煮沸的肥皂水烫洗；塑料和橡胶玩具用消毒水浸泡1小时，然后用水冲洗、晒干。

旅游晕船怎么办

放暑假了，爸爸要带豆豆去外地旅游。问豆豆想乘坐什么交通工具，豆豆想都没想，就说出了大轮船，因为他想体验一下那种乘风破浪的感觉。

终于坐上了梦想中的轮船，豆豆欢呼雀跃，在船上跑来跑去，好奇地东张西望。船起锚了，爸爸喊豆豆回到船舱坐好，豆豆哪里肯听，继续在甲板

上玩着。

　　不知道什么时候豆豆觉得船晃悠得很厉害，自己也越来越头晕、恶心，还干呕了好几次，难受得眼泪汪汪的。爸爸见了，知道豆豆是晕船了，让豆豆回到船舱，平躺下来闭上眼睛，并且缓缓地呼吸，豆豆感觉好点了。爸爸又找来话梅，让豆豆含在嘴里。然后又在豆豆的前额、太阳穴和鼻唇沟上涂了少许清凉

油。爸爸对豆豆说这些方法都能有效地防止或减轻晕船的症状。豆豆信服地点点头。

★ 旅途中睡眠要充足，饮食要清淡；如果有晕船的历史，在上船前30分钟要服用些仁丹等预防晕船的药物；乘船时也可口含姜片或是话梅。

★ 乘船时眼睛要看远处不动的目标，少看窗外迅速移动的景物，也可以闭目养神。

乘飞机的常识

豆豆和爸爸旅游回来，豆豆坚决不乘船回家，晕船把小家伙折腾得好一阵都萎靡不振。爸爸只好带豆豆乘飞机回家。豆豆心想这次旅行收获真大，又可以坐飞机了。

爸爸带着豆豆等候安检，提醒豆豆把电子游戏机收好，飞机上不准玩电子游戏机。终于坐上飞机了，豆豆在机舱里左瞧瞧，右看看，对什么都好奇。这时飞机上的广播开始了，提醒广大乘客系好安全带，飞机马上就要起飞了。

随着马达的轰鸣声，飞机很快驶入了跑道，速度越来越快，突然，飞机腾空而起，直插云霄，豆豆的心也跟着悬了起来。这时爸爸提醒豆豆吃点糖果，这样可以消除由于气压巨变引起的不适。豆豆一边吃着，一边兴奋地透过窗口观赏外边的景色。

　　下飞机后，受气压的影响，豆豆的耳膜还是有些胀痛，但他毫不在意，还在久久地回味那坐飞机的奇妙感受，回味那在飞机上看到的神奇景色。

★ 小孩乘飞机应由大人带领。登机前，要关闭手机、电动玩具。

★ 飞机起飞和降落时要系好安全带，可以吃点糖果，以避免由气压巨变引起的不适症状。

被困电梯怎么办

　　豆豆每天都乘电梯回家。这天，豆豆和爸爸一起乘电梯上楼。没想到电梯刚升到5层就突然停下，不往上升了。豆豆立刻对爸爸说："电梯停了，可能是出故障了，怎么办啊？"爸爸告诉豆豆遇事一定要冷静。然后爸爸开始拨打电梯里的报警电话。

　　可是，电话怎么也拨不通，这可急坏了旁边的

豆豆。豆豆觉得这个狭小的空间让人感觉无比可怕，像要使人窒息似的。爸爸镇静地看了一下豆豆，对他说："现在咱们只有使劲高喊救命了，希望有人听到！"豆豆和爸爸一边使劲敲电梯的门，一边高呼着救命。没过多久，维修电梯的工作人员赶到了，打开了电梯门。

豆豆大口呼吸着电梯外的空气，感觉好多了。

爸爸告诫豆豆以后不论遇到什么情况，都不要慌了手脚，要积极地想办法。电梯事件又给豆豆上了生动的一课。

★ 如果电梯不动，一定要马上按下红色的紧急键求救。

★ 如果电梯里没有设置警铃或紧急键，必须用力拍门、捶墙壁、踏地板，同时要大声呼喊。若实在没有人回应，最安全的做法是保持镇定，保存体力，等待救援。

❓ 中暑后怎么办

　　炎炎夏日，中暑了，怎么办？

　　烈日当头，最好不要外出，不要在高温环境下滞留太长时间。

　　有人中暑，可将患者移至阴凉通风处，让患者躺下，但头部不要垫高。可用湿毛巾冷敷头部，再服用避暑药；重者可用凉水反复擦身，扇风进行降温，同时立即送往医院救治。

上体育课应如何着装

爸爸出差回来，送给晶晶一条漂亮的贝壳项链。晶晶高兴极了，对贝壳项链爱不释手。

一次，晶晶带着这条贝壳项链上体育课，怕被体育老师发现项链，晶晶还特意把它放进了衣领里。那天的训练项目是爬高，许多同学都顺利地爬了过去，晶晶的身段也很敏捷，只见她不一会儿

就爬到了网架顶端。正当她要下来时，意外发生了，项链跑了出来，缠到了网架上，勒住了她的脖子，晶晶一动也不能动了。幸好体育老师反应快，上去把她的链子扯了下来，晶晶这才松了口气，从架子上爬了下来，不过脖子上已经被勒出了一条鲜红的印痕。

事后体育老师把晶晶叫到了办公室，给晶晶讲

了许多上体育课时由于不注意着装而导致悲剧发生的案例。晶晶听后，想想刚才发生的事真是后怕，要不是老师反应快，后果将不堪设想。

从此晶晶每次上体育课，都是按老师的要求着装，再也不佩戴首饰了。

★ 为了安全起见，上体育课，要穿宽松的衣服，最好穿运动衣。

★ 不要佩戴首饰；近视眼的同学最好不要戴眼镜上课。

运动前做好准备活动

　　这节课是晶晶最喜欢的篮球课。晶晶喜欢看篮球比赛，当然也喜欢打篮球了。

　　上课了，体育老师让大家站好队，给大家分好组，然后让同学们先做准备活动，松松筋骨，一会儿开始比赛。晶晶想起了昨晚才看的NBA篮球比赛，自顾自地和周围的同学谈论了起来，对老师安排的准备活动不以为然。

　　篮球比赛很快就开始了，晶晶由于个子高，占了不少优势，只见她一会儿运球进攻，一会儿退而防守，同学们都为她呐喊助威，晶晶俨然成了同学们眼中的小篮球明星。这时，同组的同学朝晶晶喊了一声："晶晶接球！"晶晶猛地一转身，"哎呀！"球从晶晶手上掉了下来，晶晶握着手痛苦地坐在了地上。

体育老师赶紧跑了过来，仔细看了看晶晶的手，确定晶晶是由于赛前没好好做热身活动才导致接篮球时戳手的，想重回赛场需要好好休养几天。

★ 运动前准备活动可以使我们的肌肉、肌腱具有良好的弹性和韧性，而不至于因为突然的伸缩而受伤。

★ 准备活动也可以大大提高大脑神经细胞的兴奋性，提高身体各个器官的协调能力。

学会正确使用体育器械

又是体育课了，这堂课的项目是掷铅球。老师讲解动作要领的时候，豆豆很不以为然。老师在前面讲，他在后面和其他同学说笑。这一切被老师看在了眼里："豆豆，看来你已经很清楚动作要领了，那就出列给同学们做个示范吧！"豆豆开始还觉得不好意思，可想想觉得没什么了不起的，于是镇定自若地接

过了老师递过来的铅球。

因为对铅球没什么概念，根本不知道铅球那么重，所以当他单手接过的时候，球差点没从他手上掉到地上。他赶紧伸出另一只手去帮忙。动作很狼狈，大家都笑出了声音。豆豆的脸"刷"一下就红了。为

了挽回面子，豆豆强作镇定地尽全力把球扔了出去，差一点儿没有摔倒。

再看看球，竟在他面前两米的地方落了下来。"哗"的一声同学们全大笑了起来。豆豆羞得低下了头。

从那以后，豆豆上体育课，再也不在下面说笑、做小动作了。

★ 上体育课，要按照老师的技术指导做动作，不能有丝毫的马虎。

★ 使用体育器械要严格按要求操作，不能我行我素。

爬山注意事项

　　"十一"的时候，爸爸妈妈带豆豆去了泰山。豆豆早就听过那句话：登泰山而小天下，这下可以体会一下那种心情了。

　　一大早，一家人就来到了泰山脚下，爸爸妈妈带豆豆做起了准备活动，爸爸告诉豆豆爬山有一定的强度，活动量比较大，准备活动可以让肌肉、关节活

动起来，让组织的温度提高，这样爬山就不容易出意外事故。豆豆听了做得更加认真了。准备活动完成后，一家人说说笑笑着出发了。

一会儿，豆豆就累了，妈妈给豆豆买了一个拐杖，豆豆不要，觉得老人才挂拐杖呢，但妈妈告诉豆豆，挂拐杖可以节省很多体力，特别是在背负重装备的情况下。

　　下山的时候到了，豆豆感觉下山的时候脚特别疼，真应了那句老话：上山容易，下山难！爸爸教给了豆豆一个好办法，走"Z"字形，这样既节省了体力，也保护膝关节少受冲击。豆豆发现这个方法真的很管用。

★ 爬山要穿防滑鞋，背包要背双肩包。可找个结实的木棍做拐杖，帮助攀登。

★ 爬山途中不要互相追逐打闹，也不要在悬崖边和危险的地方照相。

课间嬉闹不过火

冬天到了，北风呼啸，天气骤然降温。课间同学们都不愿去操场玩耍了，都喜欢躲在温暖的教室里。小小的教室顿时成了同学们嬉笑打闹的场所。

这天下课，晶晶和一个叫欢欢的女同学在一起说说笑笑，不时你打我一拳我还你一脚。随着教室里嘈杂声的升温，晶晶和欢欢谈得也越来越热烈，最后演变成了你追我赶。只见她俩一前一后，围着教室的桌子追逐了起来，晶晶不时朝着欢欢做着鬼脸，欢欢气急败坏地在后面追着。最后欢欢把晶晶撵到了教室外面的走廊上。由于是二楼，走廊边上是一米多高的水泥围墙。欢欢和晶晶在走廊里打闹了起来。只见欢欢一个重心不稳，朝着围墙栽了下去，门牙正好磕在了围墙上，顿时鲜血直流。

上医院后，由于磕得比较严重，欢欢的一颗门

牙没能保住。为此欢欢变得很自卑，很沉默，一天到晚都用手捂着嘴。晶晶感到非常的懊悔，当时要是不和她打闹该多好啊，不过世上没有后悔药可买。

★ 同学之间玩耍、嬉闹时，要注意场合和分寸，不能过火，否则很容易造成不良后果。

不可随便给陌生人开门

　　早上，晶晶的爸爸妈妈都出去了，只有晶晶一个人在家做作业。这时有人敲门，晶晶很纳闷，这么早会是谁呢？晶晶透过猫眼发现是一个陌生的中年男人，晶晶问他有什么事，那个人说是物业来检查煤气管道的。门外的男人见晶晶还不相信他，接着说："你看我还穿着物业的衣服呢，不会是假的。"晶晶

一看还真是，就开了门。

晶晶带那个人进了厨房，只见那个人这儿敲敲，那儿拧拧，也没个重点。问他是哪儿出了问题，他一直支支吾吾。一会儿那人说修好了，要收手工费50元，晶晶只好去平常家里放零用钱的抽屉里给他拿了50元。那人又说口渴了，想喝杯水，晶晶出于好心去给他倒水，突然那个男人又说："门口好像有人晕倒了，是不是你家人啊？"晶晶赶紧出门看，这时，

那个男人突然夺门而出。

晶晶好大一会儿才回过神来："不好！"进门一看，放零用钱的抽屉被打开了，里边的钱都不见了。

★ 不要让陌生人以任何借口叫开房门，一定要多问几个问题，看对方的回答有无破绽。

⚠ 异物进入眼睛怎么办

　　"啊，这几天有沙尘暴呀！"晶晶对同样坐在电视机前的妈妈说。"环境破坏太严重了。记得出门前戴条丝巾，沙尘暴来了把头包住。"妈妈对晶晶说。

　　晚上晶晶回来了，一边进屋一边揉眼睛，妈妈

问晶晶怎么了，晶晶说可能是沙子进眼睛了。妈妈着急地对晶晶说："晶晶，把手放下来，千万别揉！会越揉越疼的！"只见两只眼睛被晶晶揉得红彤彤的。妈妈轻轻地用手指拨开了晶晶的眼睑，接着向晶晶的眼里轻轻地吹了几下。"晶晶，试着睁开眼睛，看看还疼不疼？"妈妈关心地问。

　　"妈妈，不疼了，只是还有点难受。"晶晶眨着眼睛说。"没事，过会儿就好了。以后再遇到类似

的事情知道怎么做了吧？千万不要用手揉，这样会使眼睛越来越痛。"

晶晶听了妈妈的话，认真地点了点头。

★ 如果有异物进入眼睛，可以用手指捏住眼皮，轻轻拉动，使眼泪进入有异物的地方，将异物冲出来。

★ 如果自己弄不出异物，可以请别人用嘴轻轻吹出异物，或者用干净的手帕轻轻擦掉异物。翻眼皮时注意将手洗干净。

⚠ 烫伤后怎么办

晶晶妈妈下班回家，见晶晶手上缠着布条，忙问晶晶怎么了。"妈妈，没事，就是刚才倒水的时候烫着了，我已经按您上次教我的方法处理过了，不用担心！"晶晶骄傲地对妈妈说。

"噢？那你告诉妈妈你是怎么处理的？"妈妈听了晶晶的话，仍有些担心地问。

"很简单啊，我先把手在水龙头下冲了十几分钟，然后用

牙膏涂在了手部烫伤的地方，用纱布轻轻地盖在伤处，最后用布条包扎了一下。现在已经不疼了！"

妈妈听了晶晶的话，放心多了。"晶晶越来越像个大人了，不过下次倒水的时候要小心，不要被烫到。幸亏不严重，如果严重了就不能只做这么简单的

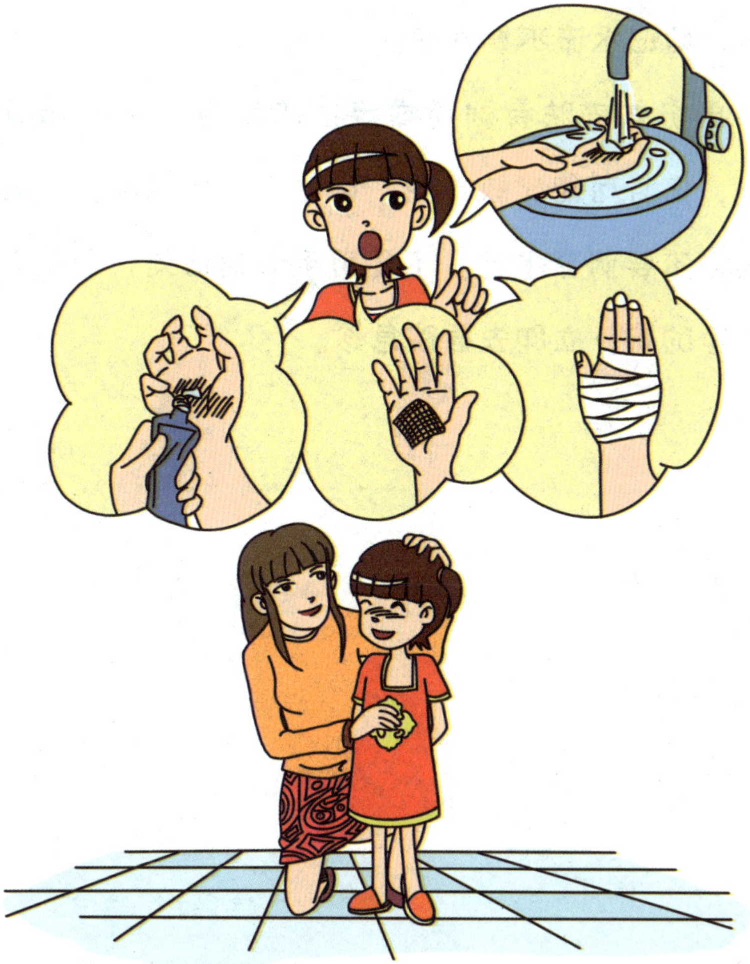

处理了。"

晶晶惭愧地点了点头。

★ 如果被烫伤，伤势不是很严重，但十分疼痛，可能只是烧到了表皮，要立即用流水冲洗伤处10分钟左右，切记水流不要太快。

★ 如果伤处皮肤有剥落或烧焦的地方，又不感觉太疼，伤势可能比较严重。切记不要用水冲，不要敷药，不要刺穿水泡，不要用手触摸伤处，而是敷上干净的布，立即去医院急诊。

用电脑时间不要过长

豆豆是个电脑虫，自从自己屋装了电脑，豆豆一回家就会冲进自己的房间，在电脑前一坐就是几个小时。连妈妈叫吃饭他都不出来，有时候妈妈只好把饭菜端到豆豆面前。妈妈经常提醒豆豆，不能在电脑前坐那么长时间，对眼睛不好，可豆豆哪里听得进去。

转眼暑假到了，豆豆更可以肆无忌惮地玩了。有时在网上打游戏，一玩就是半天，坐累了，就歪趴在桌子上玩。整整一个暑假，豆豆除了吃饭、睡觉，就是坐在电脑桌前。

新的学期开始了，豆豆又回到了学校。坐在熟悉的座位前，豆豆看着黑板上的字都变得模模糊糊的。妈妈只好带豆豆去看医生，医生经过诊断说豆豆由于看电脑用眼过度，导致了假性近视，如果不及时控制就真成近视眼了。

★ 电脑存在多种辐射污染，所以我们一定要注意劳逸结合。一般来说，操作电脑一个小时后，应该休息10分钟左右。

★ 要注意正确的操作姿势，手臂自然下垂，脚底要贴近地面，不要吊脚，以免影响血液循环。

★ 平时多吃胡萝卜、红枣、动物肝脏等食物，增强身体的免疫力和抗辐射能力。

关节脱臼怎么办

　　豆豆哼着小曲往家走，在楼道的拐弯处，看见了同学明明。只见明明耷拉着脑袋，垂头丧气的，胳膊用夹板固定着，脖子里还缠了布条。"明明，你怎么受伤了啊？"豆豆赶紧关切地问明明。

　　明明讲了他昨天和同学踢足球的事。由于双方势均力敌，所以比赛踢得很激烈，只见明明带球在赛

场上灵活地绕过了两个对手，正准备射门，突然迎面冲出来一个同学，明明一个躲闪不及，栽倒在地，接着肩膀传来一阵刺痛——肩膀脱臼了。

肩膀脱臼后，本来可以去医院让医生给复位的，可明明想起在电视上学过如何治疗脱臼，就自己给自己复位，结果越来越严重。到医院，医生狠狠批评了明明，告诉明明如果及时就医，很快就能好的，但让明明自己这么一搅和，就需要静养一段时间了。

豆豆听了明明的话，只能劝明明好好养病，尽快恢复健康。

★ 平时运动要注意分寸，不要做危险的动作，避免关节被撞击。脱臼后，不要私自将脱位关节复位，应该找到木板作为夹板，将受伤的肢体固定，然后迅速地到医院进行治疗。

⚠ 崴了脚怎么办

晶晶正在屋里认真地做着作业，忽然听见门被人使劲撞开了。随即听见爸爸的声音："晶晶，快过来帮一下忙！"晶晶赶紧跑了出来。只见爸爸背着妈妈，妈妈疼得满脸是汗，晶晶接过了妈妈手里的东西，帮爸爸扶妈妈坐在了沙发上。

"妈妈，你生病了吗？"晶晶着急地问妈妈。

"走路的时候不小心把脚崴了。晶晶帮妈妈一个忙，去冰箱里取些冰块，再拿条毛巾。"妈妈忍着痛对晶晶说。

晶晶飞速地拿来东西。爸爸把妈妈的脚放到了沙发上，然后用毛巾裹住冰块，敷在妈妈的脚上。爸爸叫晶晶学着做，每隔3个多小时帮妈妈敷一次，一次5至8分钟。

晶晶认真地听着，然后问爸爸："这样就能治好吗？"爸爸说："能啊，每天坚持这样给妈妈冷

敷，休息的时候用毛巾、布垫等厚实柔软的物品包扎在崴伤的部位，不要让妈妈随便走动。过几天，妈妈的脚就会好了。"

★ 如果不小心崴脚，千万不要随便走动，以免发生骨折。也不能自我按摩，影响医治。

★ 崴脚后，可以用冷毛巾或冰块在崴伤部位进行冷敷。

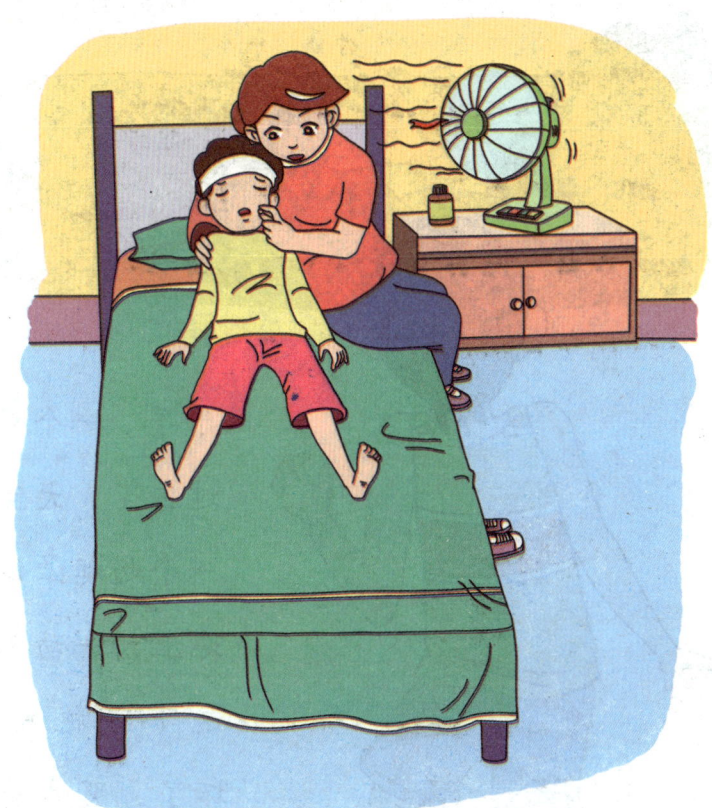

中暑后怎么办

　　暑假的一天下午，天气异常炎热，知了一直不停地叫着。妈妈在家午睡，豆豆约了邻居家的小孩大宝去楼前的草地上玩耍。当时阳光非常强烈，地面温度也很高，俩人在草地上你追我打，玩得不亦

乐乎。一个多小时过去了，大宝突然一个趔趄晕倒在草地上，一动不动。这下可把豆豆吓坏了，哭喊着跑上楼，把情况告诉了妈妈。妈妈赶紧随豆豆下了楼，检查后妈妈意识到大宝是中暑了，赶忙把大宝背回了家。

妈妈把大宝放在床上后，叫豆豆帮忙把电风扇打开，然后自己用浸过冷水的毛巾敷在大宝的头部，

并喂他喝了很多水，又给大宝吃了避暑药。过了一会儿，大宝苏醒了过来。

★ 烈日当头，最好不要外出。不要在高温环境下滞留太长时间。

★ 有人中暑，可将患者移至阴凉通风处，让患者躺下，但头部不要垫高。可用湿毛巾冷敷头部，再服用避暑药；重者可用凉水反复擦身，扇风进行降温，同时立即送往医院救治。

遇到地震怎么办

　　一个风和日丽的上午，晶晶和同学们安静地坐在教室里听老师讲着课。突然，大家感觉地面剧烈地颤抖了起来，晶晶和同学们顿时感觉头晕目眩，大家都非常恐慌，每个人脑子里都闪现一个问号：这是怎么了？

　　老师叫同学们要保持冷静，可能是地震了。他

还叫大家立即抱头，躲在自己的课桌下面，闭眼，等待地震过去。

地震持续了好几秒钟，过去了。大家着实松了一口气。抬头一看，教室的灯和电风扇还在晃动呢。

下午听广播，原来距本市不远的某市今天上午发生了5级地震，本市受其影响有明显的震感，但没有造成人员伤亡。

★ 在楼房遇到地震，不要试图跑出楼外，要及时躲在两个承重墙之间跨度最小的房间里，例如厕所、厨

房等。也可躲在家具下面或墙角，注意保护头部。如果已经离开房间，不要地震一停就立即回屋，因为有可能会发生余震。

★ 在公共场所遇到地震，不要拥向出口，要避开人流，随机应变就近躲到比较安全的地方。

如何预防传染病

晶晶放学后一直没精打采的，妈妈用手摸摸晶晶的额头，"不烫，没发烧啊？"妈妈纳闷地自言自语，问晶晶到底怎么了。"我们班欢欢病了，这段时间都不能来学校了。老师私下对我说，欢欢得了肝炎，是一种传染病，所以要在医院治疗一段时间。妈

妈，肝炎是很严重的病吗？"

"噢，是这样啊。得肝炎的人会面黄肌瘦，浑身无力，如果是病毒性肝炎，就具有很强的传染性，所以我们在日常生活中要注意饮食起居，避免感染传染病。"

"那我们怎么才能避免被感染呢？"晶晶疑惑

地问妈妈。

"平时一定要注意个人卫生，不随便吐痰，用手捂住嘴打喷嚏，勤洗手；不要过度疲劳，防止感冒，以免抵抗力下降；拒绝生吃各种海产品，不喝生水等。"

"啊，要注意的事项还真多啊！"

★ 注意生活卫生，不到传染源集中的地区。

★ 有发热或其他不适时及时就医，到医院就诊最好戴口罩，回家后洗手，避免交叉感染。

小虫钻进耳朵怎么办

夏日里，晶晶和妈妈一起在公园里散步。突然，晶晶感觉有什么东西钻进了耳朵。一会儿捂耳朵，一会儿用手抠耳朵，妈妈见了，赶紧制止了晶晶。"千万别用手指乱掏，用你的手指紧压住耳屏，这样可以使耳朵里的空气断绝，迫使小虫子往外飞。等你感到耳道口有虫子蠕动时，把手指松开，小虫子就会掉出来了。"

晶晶照妈妈说的做了。"咦，真的！妈妈，虫子出来了。"晶晶惊奇地说着。"晶晶下次遇到这样情况，千万不要着急。除了刚刚妈妈教你的，还有许多方法可以把小虫子弄出来。"

"妈妈，快说还有什么方法啊？"晶晶问妈妈。"如果在家，可以往耳朵里滴上一滴香油，然后，把身子倾斜，虫子就会随着油流出来了。"

"这下，小虫子再钻进我的耳朵，我就不怕了！"晶晶高兴地对妈妈说。

★ 可以往耳朵里吹入香烟的烟雾，把小虫引出来；或者往耳朵里滴入一滴油，然后把耳朵倾斜，把小虫倒出来。

★ 如果是晚上，可以用手电筒接近耳边照射耳道，很多小虫看见灯光后一般会自动爬出来。

⚠️ 预防流感

　　晶晶上小学三年级的时候，她所在的地区发生了一次较大规模的流行性感冒。流感传播很快，晶晶班有一半的人都感冒了，整个地区都人心惶惶，如果遇到有人打喷嚏，其他人就跟见了病毒似的吓得躲得远远的。在这场病毒歼灭战中，晶晶也未能幸免，被

传染上了流感，一个劲儿地打喷嚏，妈妈见此情况，赶紧让晶晶躺在床上，拿来感冒药，又让晶晶喝了大量的水。还把屋里的窗户都打开，以保持室内空气新鲜。最后，妈妈把半瓶醋倒进锅里，在炉子上煮沸，顿时，屋子里飘满了醋的味道。妈妈说，这样可以抑制空气里的流感病毒。

　　在妈妈的精心照料下，晶晶很快就痊愈了，又可以蹦蹦跳跳地去上学了。

★ 和感冒患者保持一定的距离；经常洗手；大量喝水；积极运动，增强免疫力；经常开窗通风。

★ 如果你已经患了感冒，应注意在咳嗽和打喷嚏时用手帕捂住口鼻，以免传染他人。

牙痛怎么办

晶晶在家正津津有味地看着电视，妈妈回来了，妈妈没有像往常那样和晶晶打招呼，而是捂着腮，径直去了卧室。

晶晶很奇怪，"妈妈，你病了吗？怎么不说话啊？"看到妈妈一脸痛苦的表情，晶晶很着急。

"晶晶，妈妈晚上不能给你做晚饭了，你看看冰箱里还有什么吃的，妈妈牙痛想休息一会儿。"晶晶听了妈妈的话，乖乖地走了出去，一会儿从厨房拿出来一块生姜。

"妈妈，把这片姜含在嘴里，这样就不会那么痛了。"

"晶晶怎么知道这个小窍门的？谁告诉你的啊？"

"上次我们班上有同学牙痛，老师就是这么教

的！"

"我们晶晶真有心，好，妈妈试试晶晶的小窍门！"

不一会儿，晶晶又找来了冰块，让妈妈敷在牙痛的部位。

……

"妈妈，还那么痛吗？"

"比刚才好多了，晶晶真是懂事！"

看着妈妈认真夸赞自己的样子，晶晶不好意思地低下了头。

★ 为了避免受牙痛的折磨，大家一定要养成早晚刷牙、饭后漱口的良好习惯。

★ 平常多吃清火的食物，不要吃生硬酸冷的食物。

❓ 为什么睡懒觉不好

　　同学们，你是不是有睡懒觉的习惯呢？一定要改掉哦！

　　睡懒觉对身体健康无益，还会妨碍神经系统的正常功能。如果连续睡眠时间太长，起床后就会昏昏沉沉，无精打采。如果早上睡懒觉，久而久之，就可能会引起某种程度的大脑功能障碍，导致理解能力和记忆力减退，学习效率降低。

怎样保护眼睛

　　这段时间，小月迷上了《西游记》，看着电视上的孙悟空还不过瘾，就把爸爸书架上的《西游记》搬了下来，只要有时间就捧着书看。

　　过了几天，小月正看得高兴，忽然感觉眼前的文字变得模模糊糊。小月摇了摇头，睁大了眼睛，可

还是看不清楚，这是怎么了？小月赶紧跑去问妈妈。

　　妈妈说："眼睛是每个人心灵的窗口。我们通过眼睛认识世界、了解世界，所以我们一定要保护好眼睛。要想保护好眼睛，我们每天就要坚持做眼保健操。眼保健操通过自我按摩眼部周围穴位和皮肤肌肉刺激神经，不仅可以增强血液循环，达到消除视疲劳

的目的，而且可以防止近视。此外，我们还要养成良好的用眼习惯，不要躺着或趴在床上看书，也不要在光线暗的地方看书或者写字。还有，低头阅读时间也不能过长，这些情况都很容易引起视疲劳。看书时间长了就休息一下，站在窗口看看风景。这样，我们不仅让大脑休息了一下，而且也让我们的'窗口'缓解了疲劳。"

耳屎能经常挖吗

中午，小康和哥哥在阳台上晒太阳。

哥哥说："小康，来，让哥哥看看你有没有耳屎！"小康趴在哥哥的腿上，"我给你掏一下吧。"

哥哥小心翼翼地给小康掏耳屎。过了几天，哥哥又要给小康掏耳屎。小康就对哥哥说："老师说了，不能经常挖耳屎！"

　　哥哥奇怪地说："为什么，我就经常掏耳朵，也没出什么事啊？"

　　小康回答："我们老师说，耳屎不是脏东西。我们的耳道里有皮脂腺，会分泌出油性物质，这种油性物质和耳道中的脏东西粘在一起，结成一块一块的蜡状物质，这样就形成了耳屎。耳屎对人体的健康并

无坏处，对耳朵来说，甚至有某种保护作用。比如说小虫飞到耳朵里，因为耳屎带有特殊的气味，小虫闻到后会被熏得自动从耳朵里跑出来。所以说耳屎用不着经常打扫，它一旦堆积多了自然就会掉出来，如果经常挖耳屎，就可能会对鼓膜造成损害，形成中耳炎，会影响听力的。"

哥哥听完后，不好意思地说："小康知道得可真多，哥哥应该向你学习。"

房子为什么要通风

　　小康早上起来的第一件事总是先打开窗户，然后出去洗脸刷牙。

　　其实，小康原来不是这样的。他以前是个小懒虫，每天都要睡到最后一刻才起床，整天不叠被子，也不开窗，然后就急匆匆上学去了。放学回家后，书包一扔，就和伙伴们踢球去了，每次玩到大汗淋漓才

回家。

有一天，妈妈到他的房间帮他整理衣服，刚走进房间，妈妈就被一股刺鼻的气味呛到。妈妈捏着鼻子一看，原来在角落里，有臭鞋、臭袜子，还有好多的废纸团。妈妈把小康叫到跟前，批评他说："喜欢运动是锻炼身体的好方法，但是你也应该知道，一个健康的居住环境对身体也是非常重要的。每天起床后，应该先打开窗户，呼吸一下外边新鲜的空气，也

让房间里的异味往外边散一散。还有，每天应该养成叠被子的好习惯，定时打扫房间，把垃圾都清扫出去，保持屋内干净。面对整洁的房间，不仅能有健康的身体，而且心情也会非常愉悦。"

从那以后，小康学会了叠被子，并且知道室内要经常通风。

大脑会不会累呀

老师在讲台上布置今天的家庭作业，布置完后，老师说："再过几天就要考试了，大家回家要好好复习功课！"同学们一个个唉声叹气地说："怎么这么快又要考试啊！"

老师看着同学们的表情，故意大声地问："是不是觉得作业不多啊？要不要我再布置一点？"大家异口同声地摇着头说："不用啦，已经够多了！"老师看着大家的样子，笑了。

回到家，小月饭都不吃就回房间写作业。其实，作业也不是很多，小月没花多长时间就写完了。然后，小月又拿出纸笔练习书法，这可是她每天的必修课。

妈妈叫小月出来吃饭，小月一边吃一边对妈妈说："再过几天就要考试了，我要认真复习功课。"

妈妈说："好，小月真乖！"

小月又问："妈妈，我们每天这样使用大脑，大脑会不会累呀？"

妈妈笑着说："不用担心，我们的大脑只要不是长时间高速运转，是不会出现问题的。只是平时要注意用脑，学习累了就让大脑休息一下。大脑的潜能是被一点一点开发的，所以要劳逸结合，合理用脑。"

! 为什么要晒被子

阳光充足的时候，妈妈就喜欢把被子拿出去晒晒太阳。在天黑前取回来，晚上盖着暖和的被子、闻着阳光的味道甜甜地睡去，别提有多舒服了。小月就特别喜欢被子晒过后的感觉，恨不得让妈妈天天晒被子，因为她喜欢阳光的味道。

但是妈妈说，晒被子也有一定的学问。被子盖

的时间长了，它就"吸收"了空气中和人体上的各种病菌，把被子拿到阳光下晒一晒，太阳光中的紫外线具有很强的杀菌作用，而且还能抵御病菌的侵害，所以，常晒衣被有利于我们的身体健康。

另外，棉衣、棉被用的时间长了，棉花压得很紧，棉花纤维之间许多充满空气的间隙受压变小，棉花变硬，保暖作用也就差了。

如果经常将衣被放在太阳下晒晒，棉絮就松软了，穿盖起来就非常的暖和。但是，被子不是随随便

便晒的，最重要的是不能长时间、频繁地晒，否则棉被的纤维会缩短并容易脱落，这样会影响保暖的。最好的方法是：挑选阳光充足的中午时间晾晒两三小时就可以了。

蒙头睡觉不好

这一段时间小康的精神状态一直不好，整天没精打采，而且吃饭也明显不如以前，妈妈十分担心。

星期天，妈妈带小康去看儿科医生。医生通过各项检查，都没有发现小康的身体有什么异常。医生便告诉小康妈妈："可能是孩子的生活习惯出了问题，你要多观察一下他的生活。"

　　回到家后，小康妈妈想了又想，自言自语地说：
"孩子没有什么问题呀！一天到晚都很正常啊。"

　　哦？是不是……妈妈突然想起了一件事。

　　晚上，小康睡着后，妈妈轻轻推开小康的房
门。发现小康的确是蒙着头睡觉。妈妈把被子揭开了
一点，便回房间了。

　　第二天早上，小康的精神比往常好多了。妈妈
就说："知道为什么你这段时间精神不好吗？是因为

你晚上蒙着头睡觉，人在睡觉的时候要呼出二氧化碳，吸进新鲜的空气，蒙头睡觉使被窝里的污浊气体越积越多，需要的氧气越来越少，这样就会感觉头晕目眩，精神不振。"

从那以后，小康晚上睡觉再也不蒙头了，身体也变得充满了活力和朝气。

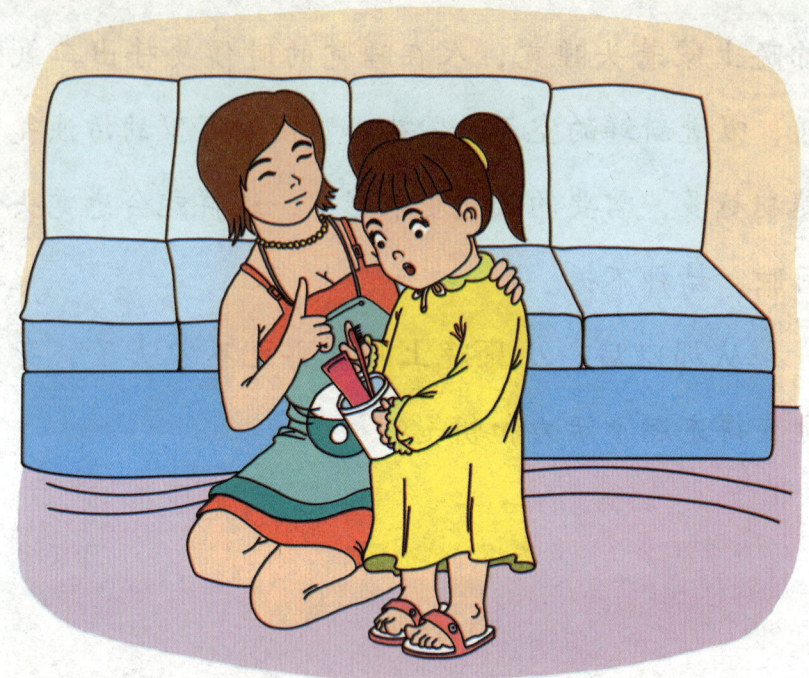

为什么要早晚刷牙

晚上睡觉的时候，小月撅着嘴对妈妈说："妈妈，我可不可以不刷牙啊？为什么早上刷了之后晚上还要刷？"

妈妈对小月说："想不想有一口洁白坚固的牙齿呀？"

"想啊！"小月回答说。

　　"要想拥有一口洁白的牙齿，就要坚持每天早晚刷牙。我们每天吃饭的时候，总会将一些食物的残屑留在牙齿的表面或者牙缝中，这些东西呢，在口腔中会产生酸。牙齿中的钙、磷等成分就会慢慢被酸溶解、破坏，这样牙齿就会出现蛀洞。馒头、米饭等食物的残屑，经过唾液的作用也会变成糖留在牙缝中，

产生蛀牙。其实呢，有一口好的牙齿，我们吃东西才能嚼得碎，吃下去的食物才容易消化、吸收，我们的身体才会好。为了消灭蛀牙，就要养成早晚刷牙的好习惯，临睡前不吃东西，保持口腔清洁。做到这些，我们小月的牙齿就是最健康的了。"

小月点点头说："妈妈，我知道了。我以后每天早晚都会仔细刷牙，我要做没有蛀牙的好孩子。"

运动后不要猛喝水

表哥的学校要举行运动会，小康想去给表哥加油，表哥答应了。跟着表哥来到学校的操场上，看见运动员们一个个斗志昂扬，就像是刚下山的小老虎，看得小康也想试一试。

表哥参加的是长跑项目，快要比赛了，表哥做准备活动去了。小康一个人坐在看台上，看着操场上

的运动员们都在努力地比赛，一个个累得满头大汗。

小康想：等表哥3000米跑下来的时候，肯定既累又渴的，我给他准备一瓶矿泉水吧。

表哥的比赛已经开始了。"加油！加油！表哥加油！"小康在看台上大声地为表哥加油。这个比赛竞争十分激烈，你追我赶的，不分上下。

最后，表哥经过不懈的努力，获得了第二名的好成绩。看到满头大汗的表哥，小康赶紧把水递到表

哥面前。表哥正要喝时，旁边的教练说："刚运动完不能猛喝水，喝水太快会使血容量增加过快，加重心脏负担，引起体内矿物质的暂时性紊乱，对身体危害很大。"

小康和表哥都不好意思地笑了。

为什么睡懒觉不好

　　放寒假了，外边的天好冷啊。每天早上小月都在暖和的被窝里睡得不愿醒来。每次都被妈妈从床上拽下来吃早饭。坐在餐桌前，小月还是睡眼惺忪的，妈妈看着她的样子，说："明天早上，七点钟起床，跟着爸爸去晨练。"

　　"啊！妈妈，我不想去，放假了，就让我多睡一会吧。"小月撒着娇说。

妈妈耐心地说："睡眠是最好的休息，但绝不是说睡眠时间越长越好。睡懒觉不但对身体健康无益，反而会妨碍神经系统的正常功能。因为人在睡眠时，大脑的睡眠中枢处于兴奋状态，而其他中枢则受到抑制。如果连续睡眠时间太长，睡眠中枢便会疲劳，而其他中枢又由于受抑制时间过长，恢复活动的

　　过程就会相应地变慢，所以，起床后就会昏昏沉沉，无精打采。如果早上睡懒觉，久而久之，可能引起某种程度的大脑功能障碍，导致理解能力和记忆力减退，学习效率降低。清早，室外空气新鲜，我们应该早早起床，去户外活动，提高自己身体的抵抗力。"

　　"妈妈，我明天早起和爸爸去跑步。"小月听话地说。

吃饭为什么要细嚼慢咽

吃饭时细嚼慢咽，不仅可以让我们充分感受吃东西的快乐，还有助于合理进餐，帮助消化。因为细嚼慢咽可以更好地刺激位于口腔中的感觉器官。最重要的是，咀嚼是消化的第一步，它能够分解食物并有效地发挥唾液的作用，从而减轻胃的工作，对身体大有好处。

注意早餐营养

上课了，同学们都在认真听讲，小安却在发愣。

"小安，这个问题怎么回答？"老师在讲台上问她。

"是……就是……我不知道。"小安低着头回答。

老师发现小安这段时间上课精神老是不集中，问她怎么了她也不说。

　　放学后，老师到小安家去家访。原来是小安的妈妈最近比较忙，每天都让小安吃点面包去上学。老师听说后，跟妈妈谈了话，提醒妈妈一定要注意孩子早餐的营养，因为早餐对孩子很重要。

　　很多小朋友早上起床后，因为怕迟到，就不吃早餐或者应付吃几口。这样的习惯非常不好，时间长

了会对身体产生危害。我们正处在长身体、长知识的阶段。白天的学习、活动，都需要消耗大量的能量。能量的来源主要是依靠每天三顿饭菜来获得的。如果每天吃一顿饭或者吃得不均衡，就会造成对身体营养物质的供应不足。

另外，不吃早餐，在上午时会感到饥饿，使思维迟钝，影响学习。早餐不仅要吃，还要吃得好，吃得有营养，这样才能保证我们的身体发育所需要的营养。

吃饭要细嚼慢咽

　　小康到同学小彬家做客，他们在一起玩跳棋。

　　小彬的妈妈在客厅里喊他们吃饭，他们玩得正起劲，就像没听见妈妈的喊声似的，动都没有动。妈妈走过来对他们说："小康，听阿姨的话，先去吃饭，然后再接着玩，好吗？"

　　小康和小彬很不情愿地站起来，到客厅去吃

饭。小彬狼吞虎咽，一口接着一口往嘴里塞东西，一边吃一边对小康说："吃快点，吃完饭我们继续。"

小康看着小彬的样子哈哈大笑，说："你吃慢点，把米饭都吃到脸上了。我妈妈说，吃饭不能太快，要不然会消化不良的。"

小彬的妈妈接过话说："小康说得对，吃饭时细嚼慢咽，不仅可以让我们充分感受吃东西的快乐，

还有助于合理进餐，帮助消化。因为细嚼慢咽可以更好地刺激位于口腔中的感觉器官。这些感觉器官能够让我们更好地体会食物的质地、温度、香气和味道，从而更充分享受食物所带来的乐趣。最重要的是，咀嚼是消化的第一步，它能够分解食物并有效地发挥唾液的作用，从而减轻胃的工作，对身体大有好处。"

多吃甜食对身体不好

　　今天是小安的生日，还没放学小安就盼着回家了。因为妈妈告诉她说会给她买蛋糕！

　　小安想起去年过生日的时候妈妈给她买的蛋糕，又香又甜，小安一口气吃了好多呢！小安想：今年自己又大了一岁，那么妈妈买的蛋糕应该会比去年的大一圈吧！那今天我一定要吃个够。

　　放学回到家，小安就直奔餐桌，却发现餐桌上的蛋糕比去年的还小，小安失望极了，不禁埋怨起妈妈来：真是小气，我过生日都舍不得买个大点的

蛋糕。

妈妈看出小安的不高兴，便对她解释说："小安，现在你又长大了一岁，应该懂事了。妈妈今天给你买了一个小蛋糕，知道为什么吗？是因为甜食吃多了对我们的身体不好，一下子吃很多就更不好了。过量的甜食很容易让身体变得肥胖，更为严重的是甜食可以很容易地破坏我们的牙齿，造成蛀牙。长期吃甜食，还特别容易感冒，身体免疫力也会下降。"

小安听了，不好意思地笑了，点了点头说："噢，妈妈，我知道了。"

晚饭不能吃太饱吗

　　除夕了，爸爸妈妈带着小月去爷爷奶奶家吃年夜饭，家里的客厅坐满了人，叔叔他们一家也来了，好热闹啊。到了吃饭的时间，看见满满一大桌子的饭菜，小月的口水都要流出来了，大家说说笑笑地吃了起来。

　　小月已经吃饱了，但是看着桌上诱人的饭菜，她又拿起了筷子，吃到最后，肚子撑得都站不起来了。

　　这时妈妈走过来说："这样暴饮暴食是不好的，特别是晚饭不能吃得太饱，因为晚饭吃得过饱，吃了不久就要睡觉，必然会造成肠胃负担加重，消化器官要不停地运动，这样肠胃紧张工作的信息就会不

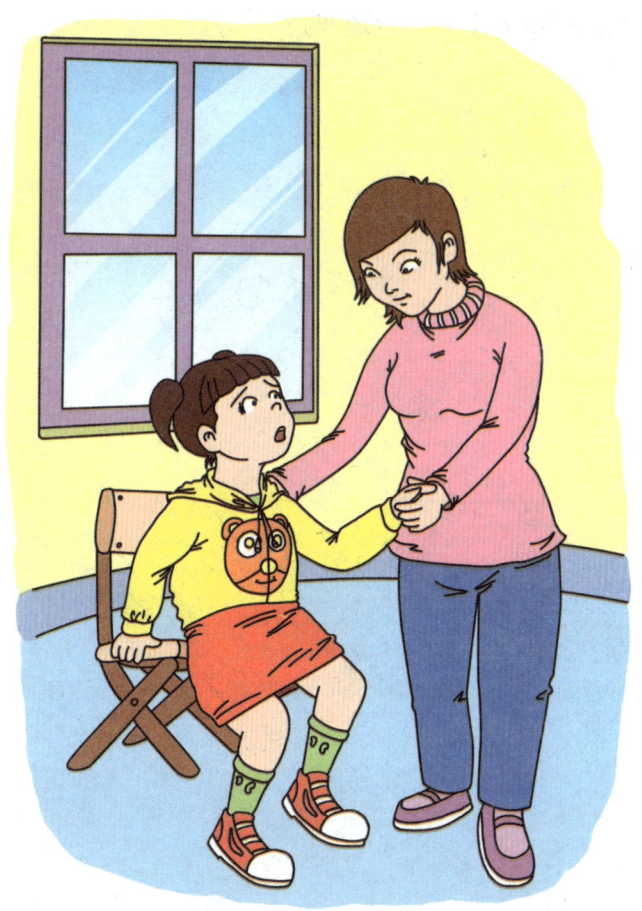

断地传向大脑，不仅影响人的睡眠，而且也会造成身体新陈代谢的紊乱，导致人体机能过早衰老。还有，晚饭吃得太饱，多余的营养物质沉积在体内会导致肥胖。人体内的蛋白质不能被吸收，在肠道细菌的作用下，会产生有毒物质，这些物质长时间停留在体内，有可能导致肠道疾病。所以说，晚饭一定要控制食量，不能吃得太饱。知道吗？"

为什么要多吃杂粮

今天，班上的新同学小智请小康去他家吃饭。因为从他转到这个新的班级后，小康给了他很大的帮助，经常在放学后帮他补习功课，使他的学习成绩提高了好多，小智可感激小康了。所以小智特意让妈妈准备好饭菜，要好好谢谢小康。

小康跟着小智到了他家，小智的妈妈看见小康

就说："你是小康吧？我们家小智经常说起你，说你给了他很大的帮助，你真是个好孩子！以后有时间就来家里玩啊。"

小康听了，连忙说："阿姨，没什么的，我和小智是好朋友，互相帮助是应该的。"

在饭桌上，小智发现小康好像对妈妈做的米饭不感兴趣，而只吃些作为副食的玉米和红薯。

吃过饭，小智问小康："我妈妈做的饭你不喜欢吃吗，为什么你老是在吃玉米和红薯呢？"

小康说："我妈妈说吃饭要粗粮、细粮一起吃，所以，不仅要吃白米饭，而且也要吃玉米、红薯之类的粗粮，不能只吃一样，应该两样搭配着吃。这样才能补充我们成长所需的营养，有利于我们的身体健康。"

要多吃蔬菜

　　这几天，小月的嘴唇老是干，小月就奇怪了：感觉不渴啊，怎么嘴会这么干呢？回到家，小月就去向妈妈哭诉。

　　妈妈回答说："嘴老是干是因为身体缺少维生素，尤其是维生素C和纤维素。为了获得这两种营养

素，我们必须每天吃蔬菜。因为蔬菜里含有多种营养物质。辣椒、西红柿等含有丰富的维生素C，而这正是其他食物所缺乏的。因此，在每天的食物摄入量中，这些蔬菜是必不可少的。芹菜、番茄中含有丰富的纤维素，这些纤维素能有效促进肠与胃的蠕动，降低食物在肠道停留的时间，减少营养素被吸收，并及

早协助排出对人体无益的废物。所以，我们应该多吃蔬菜，这样才有利于身体新陈代谢，有利于骨骼正常发育，有利于各种矿物质的摄入。只要多吃蔬菜，嘴就会好的。"

小月听后，恍然大悟地点了点头。

从那以后，小月每天都让妈妈给她做蔬菜吃。过了几天，小月的嘴唇就不干了。

! 不要多吃冷饮

　　夏天到了，小康一看见饭菜就感觉热，每天就想吃冷饮。冷饮既好吃，又凉快，别提有多舒服了。

　　每天上学前，小康老是缠着妈妈要零花钱，起初妈妈也没问什么，可看见小康每天吃饭就吃那么一点点，觉得奇怪。

　　于是，妈妈就问小康用零花钱买什么了，知道小康用零花钱买冷饮后，妈妈就批评了小康，并告诉了小康其中的道理。

　　原来啊，在炎热的夏天，适当地吃一些冷饮是可以起到防暑降温的作用的，但是，我们不能因为解渴而贪吃。因为冷饮与身体的体温相差很大，对胃的刺激也很强，如果吃得过多，就会影响胃的正常工

作，导致消化不良。况且，冷饮中含有大量的牛奶、巧克力等成分，吃得过多，会影响我们的正常食欲。时间长了，就会出现营养不均衡的问题。

另外，我们身体的器官还很娇嫩，特别是肠胃，对冷热刺激十分敏感。如果一次吃了很多冷饮，肠胃血管就会因为受到冷的刺激很快收缩，有可能引起肚子痛。

图书在版编目（CIP）数据

关键时刻靠自己 / 曹外香主编. —天津：天津科学技术

出版社，2012.3（2019.6重印）

ISBN 978-7-5308-6880-5

Ⅰ.①关… Ⅱ.①曹… Ⅲ.①自救互救–基本知识

Ⅳ.①X4

中国版本图书馆CIP数据核字（2012）第046108号

关键时刻靠自己
GUANJIAN SHIKE KAO ZIJI

责任编辑：郑　新

出　　版：**天津出版传媒集团**
　　　　　　天津科学技术出版社

地　　址：天津市西康路35号

邮　　编：300051

电　　话：（022）23332674

网　　址：www.tjkjcbs.com.cn

发　　行：新华书店经销

印　　刷：三河市燕春印务有限公司

开本 700×1000mm 1/16　　印张 9　　字数 150 000

2019年 6 月第 1 版第 3 次印刷

定价:29.80 元